BUFFON
DE LA JEUNESSE

OU

NOUVEL ABRÉGÉ

d'Histoire Naturelle,

AVEC DES ANECDOTES,

PAR LUDOVIC DAUBENTON.

Ouvrage orné de cinquante vignettes.

1833.

GUSTAVE DUCASSE, ÉDITEUR.

BUFFON
DE LA JEUNESSE.

Le texte de cet ouvrage est presque toujours extrait de Buffon ou de Valmont de
Bomare. On y a joint des anecdotes, puisées
dans divers recueils , pour le rendre plus
agréable. On a pris la forme alphabétique,
comme la plus commode.

Impr. de LOCQUIN, rue Not.-Dame-des-Vict. n. 16.

LE BUFFON

DE LA JEUNESSE,

OU

NOUVEL ABRÉGÉ

D'HISTOIRE NATURELLE,

AVEC DES ANECDOTES.

PAR LUDOVIC DAUBENTON.

PARIS.

G. DUCASSE ET COMPAGNIE,

FAUBOURG POISSONNIÈRE, N° 4.

1833

BUFFON

DE

LA JEUNESSE.

ABEILLES.

Les abeilles, ou mouches à miel, vivent en société et travaillent en commun. On les rassemble dans des paniers qu'on nomme ruches, où elles habitent au nombre de plusieurs mille, sous le gouvernement d'une reine à laquelle elles sont soumises.

C'est à leur industrie admirable qu'on doit le miel et la cire. Elles font avec la cire des alvéoles ou vases, dans lesquels se dépose le miel. Elles ont soin de couvrir d'un couvercle de cire les alvéoles où est le miel qu'elles conservent pour l'hiver. Mais celles qui contiennent le miel destiné à la nourriture journalière, sont ouvertes et à la disposition de toutes les mouches.

Les abeilles ont, comme les guêpes, un aiguillon dont la piqûre est douloureuse ;

mais elles meurent lorsqu'elles laissent l'aiguillon dans la plaie.

Elles s'apprivoisent, et sont capables d'attachement. Une dame de Nantes passait la belle saison dans une petite campagne qu'elle avait près de cette ville. Elle avait des abeilles qu'elle aimait et dont elle s'occupait beaucoup. Une année, se trouvant malade vers la fin de mai, elle retourna à Nantes où elle mourut. Toutes ses abeilles, par un instinct surprenant, se rassemblèrent sur son cercueil qu'elles accompagnèrent jusqu'au cimetière.

Un Anglais avait des abeilles qui partaient de leurs ruches pour venir à lui lorsqu'il les appelait d'un coup de sifflet, et qui s'en retournaient à un autre signe, sans jamais lui faire le moindre mal.

AIGLE.

L'aigle, qu'on appelle le roi des oiseaux, est un oiseau de proie, très-beau lorsqu'il vole, mais dont la démarche est lourde et peu gracieuse. Sa vue est extrêmement perçante. Il a le bec fort, les serres puissantes;

il est féroce et dévaste les pays qu'il habite.
Il mange les pigeons, les poules, les lièvres,
s'attaque aux agneaux même, et quelquefois aux enfans.

Mais une particularité singulière, c'est
que l'aigle ne trouble pas les autres oiseaux
pendant qu'ils font leur nid, et ne touche
jamais à leurs petits que quand ils ont pris
leur vol.

L'aigle habite les montagnes et vit fort
long-temps.

AIMANT.

L'aimant est une pierre ferrugineuse
qu'on trouve dans les mines de fer, et qui a
la propriété d'attirer le fer à elle.

Un médecin fut appelé un jour chez un
malade qui s'était fait entrer une paille de
fer dans l'œil. Cette paille était si petite
qu'on ne pût la saisir avec aucun instrument. Le malade souffrait beaucoup, et le
docteur se désespérait, lorsque sa femme,
tirant de sa poche une petite pierre d'aimant bien montée, la promena à la surface

de l'œil incommodé. On vit aussitôt la pail-
lette de fer s'élancer vers l'aimant, et le
malade fut guéri.

ANE.

Moins vif, moins valeureux, moins fier que le cheval,
L'âne est son suppléant et non pas son rival ;
Il laisse au fier coursier sa superbe encolure,
Et son riche harnois, et sa brillante allure ;
Conduit par un lourdaud, guidé par le bâton,
Sa parure est un bât, son régal un chardon.

Avant l'abbé Delille, Buffon et Pluche
avaient défendu cet utile animal. L'âne est
patient au travail ; il porte de grands far-

deaux. Il est frugal, doux et soumis. Il soulage dans toutes leurs peines les habitans des campagnes qui sont trop pauvres pour avoir un cheval, car l'âne ne coûte presque rien à nourrir.

Lorsqu'on ne l'épuise pas de fatigue, il vit vingt-cinq à trente ans.

ANGUILLE.

L'anguille est un poisson alongé comme un serpent, et revêtu d'une peau glissante, sans écailles apparentes. On l'a quelquefois appelée la couleuvre de rivière. C'est le seul des poissons d'eau douce qui entre dans la mer.

L'anguille se nourrit de petits poissons, de grenouilles, de vers. On l'a vue quelquefois sortir d'un étang pour aller chercher des limaçons cachés dans l'herbe.

ARAIGNÉE.

L'araignée est un insecte très-commun, mais qui n'en est pas moins merveilleux.

Outre les huit jambes dont elle se sert

pour marcher, elle a encore près de la tête deux autres pattes qui lui tiennent lieu de mains pour saisir et retourner sa proie.

L'araignée commune a quatre paires d'yeux sur le front, et à l'extrémité du ventre six mamelons d'où sortent les fils dont elle tapisse nos appartemens.

On croit que l'araignée vit quatre ou cinq ans. Elle détruit les mouches, dont elle fait sa nourriture, et qu'elle prend dans ses toiles avec beaucoup d'adresse.

AUTRUCHE.

L'autruche est le plus grand de tous les oiseaux. Montée sur des jambes fort élevées et ayant un très-long cou, elle égale presque la hauteur d'un homme à cheval.

Ses ailes sont si petites qu'elles ne peuvent que l'aider dans sa course ; car l'autruche ne vole pas. Ses plumes sont très-belles, et fort recherchées pour la coiffure des dames.

La tête de l'autruche est petite, presque chauve; son crâne est mince et fragile. C'est la raison pour laquelle, lorsqu'elle se trouve prise sans ressource, l'autruche cache sa tête, comme sa partie la plus faible. Elle lance des pierres quand on la poursuit.

L'autruche dévore indistinctement tout ce qu'elle rencontre, même des cailloux et du fer. Elle ne digère pourtant point les métaux et les rend tout entiers. Elle pond douze ou quinze œufs très-gros, qu'elle ne couve que la nuit.

C'est le principal oiseau de l'Afrique.

BALEINE.

La baleine tient le premier rang entre les poissons. C'est le plus grand de tous les animaux connus. Par sa structure intérieure, la baleine ressemble aux animaux terrestres. Elle respire au moyen de pou-

mons et ne peut rester long-temps sous
l'eau ; elle a du lait, et deux mamelles que
ses petits tètent.

La nature a construit ces masses organi-
sées de manière qu'elles peuvent s'élever
ou s'abaisser à volonté dans les eaux. Du
fond de leur gueule part un gros intestin
fort long, et si large qu'un homme y pas-
serait tout entier. C'est un grand magasin
d'air que la baleine porte avec elle.

On a vu des baleines qui avaient cent
vingt, cent cinquante et même jusqu'à
deux cents pieds de long; et l'on assure que
les premières qu'on a pêchées dans le
Nord étaient bien plus grandes encore,
parce qu'elles étaient plus vieilles. On prétend que ces poissons vivent plusieurs siècles, et qu'on en a vu autrefois qui avaient
neuf cents pieds de longueur.

Avec une taille si monstrueuse, les yeux
de la baleine ne sont pas plus grands que
ceux d'un bœuf, et sa langue est plus grosse
qu'un bœuf même.

L'huile de poisson et les fanons de baleine, qu'on emploie à faire des buscs, des
parapluies et à d'autres usages, sont les

plus grands produits qu'on retire de la pêche de la baleine.

BISON.

Le bison est une espèce de bœuf sauvage qui se trouve dans les contrées méridionales et qui a une bosse sur le dos. Cette
bosse n'est qu'une excroissance de chair
tendre, aussi bonne à manger que la langue
des bœufs. Il y a de ces bosses qui pèsent
jusqu'à cinquante livres.

BLAIREAU.

Le blaireau , qui se rapproche du chien
par le museau , ressemble un peu au rat
domestique par le reste du corps.

Les jeunes blaireaux s'apprivoisent aisément. Ils jouent avec les petits chiens, et suivent comme eux la personne qu'ils connaissent et qui leur donne à manger ; mais ceux que l'on prend vieux demeurent toujours sauvages. Ils ne sont ni malfaisans, ni gourmands, comme le loup et le renard. Ils dorment la nuit entière et encore les trois quarts du jour.

BREBIS.

La brebis ne doit, pour ainsi dire, son existence qu'à la protection que l'homme lui a donnée. Abandonné à lui-même, cet animal faible serait devenu la proie des espèces voraces ; aussi ne trouve-t-on point de brebis sauvages dans les déserts.

De tous les animaux domestiques, la brebis est le plus précieux pour l'homme. Seul il peut suffire aux besoins de la première nécessité ; il fournit tout à la fois de quoi se nourrir et se vêtir, sans compter les avantages qu'on tire du suif, du lait, de la peau, des os et du fumier de cet ani-

2

mal , auquel il semble que la nature n'ait rien donné que pour le rendre à l'homme.

La brebis et les moutons sont d'un tempérament très-délicat. Le jeune agneau , dans le troupeau le plus nombreux , cherche , trouve , et reconnaît sa mère , sans jamais se tromper. La brebis ne vit que sept à huit ans.

BROCHET.

Le brochet est un poisson d'eau douce très-vorace et très-destructeur. Il a des dents à la mâchoire inférieure et au palais. On a vu des brochets avaler des poissons presque aussi gros qu'eux. Ils entreprennent leur victime par la tête et attirent peu à peu le reste du corps, à mesure qu'ils digèrent ce qui est dans leur estomac.

On dit que le brochet vit très-longtemps; et on conte que l'empereur Frédéric II en ayant jeté un dans un étang, avec un anneau d'airain aux ouïes , on le retrouva vivant au bout de deux siècles et

demi. La femelle du brochet pond cent
mille œufs d'une seule portée.

CARPE.

On fit manger à Mademoiselle, qui depuis épousa Lauzun, lorsqu'elle était dans
la communauté d'Eu, des carpes qui
avaient plus de quatre-vingts ans. On con-
naissait leur âge à des anneaux remplis de
caractères, qui leur avaient été attachés aux
nageoires, et que des pêcheurs reconnu-
rent pour en avoir entendu parler à leurs
pères. Elles étaient d'une grande beauté.
Buffon vit dans les fossés du château de
Pontchartrain, chez M. de Maurepas, des

carpes qui avaient cent cinquante ans bien avérés , et qui étaient aussi vives et aussi agiles que les jeunes carpes.

CASTOR.

Le castor est un quadrupède amphibie , qui cherche les déserts et vit en société. Il a trois ou quatre pieds de longueur et pèse environ soixante livres. Son corps est recouvert d'un duvet précieux très-recherché pour la chapellerie, et garanti de la boue et de l'humidité par de longs poils solides. Sa tête est presque carrée , ses oreilles rondes et courtes, ses yeux petits. Sa bouche est armée, comme celle des écureuils , de

quatre dents incisives , fortes et tranchan-
tes, dont il se sert pour couper des arbres,
les abattre et les traîner. Les pieds de devant sont pour lui des mains, dont il fait
usage avec au moins autant d'adresse que
les singes. Les doigts en sont bien séparés,
tandis que ceux des pattes de derrière sont
réunis entre eux par une forte membrane et
lui servent de nageoires. Sa queue est longue , aplatie , toute couverte d'écailles et
fournie de muscles vigoureux.

L'homme ayant réduit en servitude la
plupart des animaux doux, et dispersé par
la force ceux qu'il n'a pu soumettre , les
Castors sont peut-être le seul monument
qui subsiste de l'intelligence des brutes.

C'est dans les mois de juin et de juillet
que les Castors commencent à se rassem-
bler pour se réunir en société. Ils arriven
de plusieurs côtés vers le bord des eaux e
forment bientôt une troupe de deux ou trois
cents. Si les eaux se soutiennent toujours
à la même hauteur , comme celle des lacs ,
ils ne construisent point de digue. Si ce
sont des eaux courantes, sujettes à hausser
et baisser , ils construisent une chaussée ou

une digue qui puisse tenir l'eau à un niveau toujours égal. Cette chaussée a souvent quatre-vingts ou cent pieds de longueur, sur dix à douze pieds d'épaisseur à sa base.

Ils choisissent pour établir leur digue un endroit de la rivière qui soit peu profond. S'il se trouve sur le bord un gros arbre qui puisse tomber dans l'eau, ils commencent par l'abattre pour en faire la pièce principale de leur construction. Ils s'asseyent plusieurs autour de l'arbre, le rongent, le coupent ainsi en assez peu de temps, le font tomber en travers dans la rivière, en ôtent les branches afin de le faire porter partout également.

Pendant ce temps, d'autres Castors parcourent le bord de la rivière, coupent des morceaux de bois de différentes grosseurs, les scient à la hauteur nécessaire pour en faire des pieux ; et après les avoir traînés sur le bord de la rivière, ils les amènent par eau, les tenant entre leurs dents. Par le moyen de ces pièces de bois qu'ils enfoncent dans la terre et qu'ils entrelacent avec des branches, ils font un pilotis serré. Tandis que les uns maintiennent les pièces de bois à peu près perpendiculaires, d'autres plongent au fond de l'eau , creusent avec les pieds de devant un trou dans lequel ils font entrer le pieu ; ils entrelacent ensuite les pieux avec des branches. Pour empêcher l'eau de couler à travers les vides , ils les bouchent avec de la terre glaise , qu'ils gâchent et pétrissent avec leurs pieds de devant , et qu'ils battent ensuite avec leur queue, qui leur tient lieu de truelle.

Lorsque les Castors ont travaillé tous ensemble pour édifier le grand ouvrage public qui doit maintenir les eaux , ils travaillent par compagnies pour édifier des habitations particulières. Ce sont des cabanes, ou plutôt des espèces de maisonnettes bâties sur un pilotis plein, avec deux issues , l'une pour aller à terre, l'autre pour se jeter à l'eau. La forme de ces édifices est presque toujours ovale ou ronde ; ils ont de cinq à dix pieds de diamètre, et il y en a qui ont deux ou trois étages. Les murailles ont deux pieds d'épaisseur, le toit est une espèce de voûte impénétrable à l'eau des pluies.

Les matériaux de ces constructions sont du bois, des pierres, des terres sablonneuses, revêtus d'une espèce de stuc que les Castors, à l'aide de leur queue, façonnent avec tant de propreté, qu'on croirait y reconnaître la main de l'homme.

Dans chaque cabane est un magasin, qu'ils remplissent d'écorce d'arbres et de bois tendres, leur aliment ordinaire. Les habitans de la maison, qui sont par couples depuis deux jusqu'à seize ou dix-huit individus, y ont tous un droit égal et ne vont jamais piller leurs voisins.

Quelque nombreuse que soit cette société d'architectes, la paix s'y maintient sans altération. Lorsque leurs travaux sont achevés et leurs provisions faites, ils se reposent avec bonheur.

Mais dans l'hiver, l'homme vient, qui leur fait la chasse pour avoir leur fourrure, alors leurs villes sont détruites, et ceux des Castors qui s'échappent n'osent plus se réunir en société. Aussi, quand la civilisation aura envahi ce qui reste de déserts, la merveilleuse industrie des Castors ne sera plus qu'un souvenir.

CERF.

Le Cerf est un de ces animaux innocens et tranquilles qui ne semblent faits que pour embellir , animer la solitude des forêts, et occuper loin de nous les retraites paisibles de ces jardins de la nature. Sa forme élégante et légère , sa taille aussi svelte que bien prise , ses membres flexibles et nerveux , sa tête parée plutôt qu'armée d'un bois vivant, et qui, comme la cime des arbres , tous les ans se renouvelle; sa grandeur, sa légèreté, sa force le distinguent des autres habitans des bois.

La biche, sa femelle, est plus petite que lui : elle n'a point de bois. Elle ne porte à la fois qu'un faon, qui la suit toujours, et dont elle forme l'imprudente jeunesse à fuir au bruit de la voix des chiens. Elle se présente elle-même aux chasseurs, pour les détourner de son faon, et, après qu'elle les a éloignés, elle vient le rejoindre.

La chasse du cerf est cruelle, et le bel animal pleure de grosses larmes, lorsqu'il lui faut mourir, sans attendrir les chasseurs ni leurs chiens.

On croit que le cerf vit plus d'un siècle. On conte que dans la forêt de Senlis le roi Charles VI en prit un qui avait deux ou trois cents ans.

CHACAL.

Le chacal paraît tenir le milieu entre le loup et le chien pour le naturel ; ceux que l'on voit en Perse, en Cilicie, en Arménie, sont de la grandeur de nos renards. Leur poil est d'un brun roux.

Le chacal joint à la férocité du loup un peu de la familiarité du chien. Sa voix est un hurlement mêlé d'aboiemens et de gémissemens. Il est plus criard que le chien, plus vorace que le loup. Ces animaux marchent en troupes et se rassemblent chaque jour pour faire la guerre et la chasse. La chair la plus infecte ne les dégoûte pas. Ils ont un appétit si constant , qu'à défaut de proie vivante, ils déterrent les morts ; et toute peau, toute graisse, toute ordure animale, le cuir même le plus sec, leur paraît une bonne nourriture.

CHAMEAU

ET DROMADAIRE.

Ces deux noms ne désignent pas deux espèces différentes, mais indiquent seulement
deux races distinctes et subsistantes de
temps immémorial dans l'espèce du chameau ; l'unique différence, c'est que le chameau porte deux bosses et que le droma-
daire n'en a qu'une seule. Les yeux de cet
animal sont gros et saillans ; son front est
revêtu d'une espèce de laine touffue ; le
reste de son corps est recouvert d'un poil

fauve, doux au toucher. Il ne se couche pas sur le côté, mais s'accroupit. Sa queue est courte et peu garnie de poils, excepté à l'extrémité.

Il n'y a point d'animal plus propre que le chameau à supporter de grandes fatigues. Au milieu des sables de l'Afrique, il reste quelquefois neuf jours et même plus sans boire, faisant cependant chaque jour vingt-cinq ou trente lieues, et portant des poids énormes. Il sent l'eau de plus d'une demi-lieue, et lorsqu'il trouve le moyen de se désaltérer, il boit en une seule fois pour tout le temps passé et pour autant de temps à venir.

Quand les chameaux sont en voyage, on ne leur donne par jour qu'une pelotte de pâte, et ils ne se reposent guère plus d'une heure par journée.

On ne leur fait porter de fardeaux que lorsqu'ils ont atteint l'âge de trois ou quatre ans. Quand ils sentent qu'ils sont assez chargés, il ne faut pas penser à leur en donner davantage, car ils se rebutent, donnent de la tête ; si, malgré leur refus, on les surcharge, ils jettent des crisl amenta-bles.

CHAMOIS.

Le chamois est un animal du genre des chèvres; on les voit en troupes sur les montagnes. Leur peau est d'un grand usage dans le commerce.

Le chamois est plus grand que la chèvre; il ressemble un peu au cerf. Il est sauvage, alerte, mais timide. On en rencontre beaucoup sur les Pyrénées, les Alpes et les montagnes du Dauphiné. Ils vont par troupes de cinquante, et quelquefois davantage. Pendant qu'ils paissent, ils ont toujours quelque sentinelle avancée qui avertit le reste de la bande. Si quelque objet d'effroi les force à se retirer, un sifflement aigu, prolongé, les engage à prendre la fuite. La chasse que l'on fait à ces animaux est assez périlleuse et demande une grande agilité, car il faut les poursuivre sur les rochers qu'ils parcourent avec la plus grande aisance. La peau de chamois préparée est souple et chaude ; on en fait des gants, des culottes, des bas, etc.

CHARDONNERET.

Le chardonneret est un petit oiseau fort agréable par ses belles couleurs et par son chant. Il tient son nom de ce qu'on le voit ordinairement dans les chardons, dans les épines, et de ce qu'il se nourrit en partie de leur semence. Il se familiarise aisément. Le chardonneret vit une vingtaine d'années. Au cap de Bonne-Espérance, on en distingue une espèce qui est grisâtre en été, et, l'hiver, devient d'un noir mêlé d'incarnat.

CHAT.

Ce joli animal est léger, propre et adroit; il est de lui-même très-habile chasseur; mais son naturel, ennemi de toute contrainte, le rend incapable de recevoir une éducation suivie. Son grand art, dans la chasse, consiste dans son extrême patience : il reste immobile à épier la proie qu'il veut saisir, et son adresse fait qu'il manque rarement son coup. Le chat est très-propre et très-soigneux de sa personne. Sa robe est toujours sèche et brillante. Son poil s'électrise facilement, et, dans l'obscurité, en passant la main sur son corps, on en voit jaillir des étincelles.

Quoique le chat soit un animal très-volontaire, on peut cependant le dresser à quelques tours d'adresse. Il y a plusieurs années, on a vu à Paris un concert de chats : ces animaux étaient placés dans des stalles avec un papier de musique devant eux ; au milieu était un singe qui battait la mesure ; à ce signal réglé, les chats faisaient des cris ou miaulemens dont la diversité formait des sons plutôt aigus que graves et tout-à-fait risibles.

Il y a des personnes qui ont une antipathie singulière pour les chats. On assure que Henri III, roi de France, avait une telle horreur pour eux, qu'il pâlissait et perdait connaissance dès qu'il en apercevait un.

Voici une anecdote qui prouve que les chats ont plus d'instinct qu'on ne pense.

Il est d'usage dans les pensions d'avertir de l'heure des repas par le son d'une cloche. Un chat qui se trouvait dans une de ces maisons, et qui ne recevait son dîner au réfectoire que lorsqu'il s'y rendait à ce moment, ne manquait pas d'y être attentif. Il arriva un jour qu'il se trouva enfermé dans une chambre, et la cloche avait sonné inutilement pour lui. Quelques heures après, ayant été délivré de sa prison, son appétit le fit descendre au réfectoire, mais il n'y trouva plus rien. Au milieu de la journée, on entend sonner : chacun veut savoir ce que c'est, et l'on voit le chat pendu à la cloche et la remuant tant qu'il pouvait, espérant faire venir un second dîner.

CHAUVE-SOURIS.

La Chauve-Souris est un animal d'une structure singulière, que l'on voit voltiger au déclin du jour, et que l'on peut considérer comme faisant la nuance des quadrupèdes aux oiseaux, puisqu'il n'est pas entièrement quadrupède, et encore plus imparfaitement oiseau.

Cet animal nous paraît un être difforme, parce qu'il ne ressemble à aucun des modèles que nous présentent les grandes classes de la nature. La Chauve-Souris a quelque ressemblance avec la souris, étant, ainsi qu'elle, couverte de poils ; mais elle porte de longues oreilles, qui sont doubles dans quelques espèces. Son nez est à peine visible ; ses yeux sont enfoncés tout près de la conque de l'oreille. Ces animaux sont carnassiers; car s'ils peuvent entrer dans une office, ils s'attachent aux quartiers de lard et à la viande, qu'ils dévorent.

Le Vampire est une espèce de chauve-souris qui a le museau alongé, l'aspect hideux, la tête informe, et surmontée de grandes oreilles fort ouvertes et fort droites; il a le nez bossu, les narines en entonnoir, avec une membrane au-dessus qui s'élève comme une crête, et qui augmente encore la difformité de sa face. Il est vraisemblable que c'est d'après ces modèles bizarres et hideux que les anciens poètes ont décrit les harpies.

CHÊNE.

Le Chêne est le plus grand, le plus beau, le plus durable et le plus utile des végétaux qui croissent dans nos forêts. On cite un chêne dont les branches, de cinquante-quatre pieds de longueur, pouvaient ombrager trois cents cavaliers, ou quatre mille trois cent soixante-quinze piétons.

CHEVAL.

La plus noble conquête que l'homme ait jamais faite, est celle de ce fier et fougueux animal, qui partage avec lui les fatigues de la guerre et la gloire des combats. Aussi intrépide que son maître, le cheval voit le péril et l'affronte. Il se fait au bruit des armes, il l'aime, il le cherche ; il partage les plaisirs de la chasse, des tournois et des courses. Il brille et il étincelle ; mais, docile autant que courageux , il ne se laisse point emporter à son feu, il sait réprimer ses mouvemens. Non-seulement il fléchit sous la main de celui qui le guide , mais il semble consulter ses désirs , et obéissant toujours aux impressions qu'il en reçoit , il se précipite , se modère ou s'arrête , et n'agit que pour y satisfaire. C'est une créature qui renonce à son être pour n'exister que par la volonté d'un autre , qui sait même la prévenir ; qui , par la promptitude et la précision de ses mouvemens , exprime et exécute ; qui sent autant qu'on le désire et ne rend qu'autant qu'on veut ; qui , se livrant sans réserve , ne se refuse à rien, se sert de toutes ses forces, et même meurt pour mieux obéir.

On cite beaucoup d'anecdotes sur les chevaux. M. de Boussanelle , capitaine de cavalerie , rapporte qu'un cheval de sa compagnie, très-beau et du plus grand feu, mais hors d'âge , eut les dents usées au point de ne pouvoir plus mâcher le foin , ni broyer l'avoine. Deux autres chevaux qui se trouvaient placés l'un à sa droite , l'autre à sa gauche , le nourrirent pendant deux mois, en tirant du râtelier le foin qu'ils mâchaient et jetaient ensuite devant lui. Ils en usaient de même pour l'avoine, la broyant bien menue et la mettant à sa portée. Une compagnie entière de cavalerie fut témoin de ce fait singulier.

CHÈVRE.

La Chèvre a, de sa nature, plus de sentiment et de ressource que la Brebis : elle
vient à l'homme volontiers, elle se familiarise aisément ; elle est sensible aux caresses et capable d'attachement. Elle est
aussi plus forte, plus légère, plus agile et
moins timide que la Brebis. Vive et capri-
cieuse, ce n'est qu'avec peine qu'on la ré-

duit en troupeau. Toute la souplesse des organes et tout le nerf de son corps suffisent à peine à la pétulance et à la rapidité des mouvemens qui lui sont naturels.

La Chèvre est robuste, aisée à nourrir. Elle porte cinq mois ; elle se laisse teter par les enfans. On fait avec son lait d'excellens fromages. Le bouc, dont elle est la femelle, a comme elle une grande barbe.

CHIEN.

Le Chien est le plus familier de tous les animaux domestiques. Indépendamment de la beauté de sa forme , de la vivacité , de la force, de la légèreté , il a par excellence toutes les qualités intérieures qui peuvent lui attirer les regards de l'homme. Il possède un sentiment délicat , exquis , que l'éducation perfectionne encore : il sait concourir aux desseins de l'homme, veiller à sa sûreté , l'aider, le défendre, le flatter. Il sait , par des services assidus , par des caresses réitérées, par des cris de douleur , ou par des jappemens de joie, ou par des hurlemens de désir , se concilier son maître , le captiver , et de son tyran se faire un protecteur. La durée ordinaire de la vie des chiens est d'environ quatorze ans; cependant on a vu un barbet vivre jusqu'à l'âge de dix-sept ans ; mais il était décrépit , sourd , presque muet et aveugle.

Si l'on éloigne de leur mère des petits chiens nouvellement nés , elle les prend dans sa gueule avec beaucoup de précaution pour les rapporter dans son lit , et l'on prétend qu'elle commence toujours par le meilleur ; ce qui détermine le choix des chasseurs , qui gardent celui-là préférablement aux autres.

Un célèbre chirurgien rencontra dans une rue un petit chien qui avait la cuisse écrasée, et qui ne pouvait se traîner. Il l'enveloppe dans un mouchoir, le rapporte chez lui, lui remet la cuisse, le panse et le guérit. Il lui donna ensuite la liberté, que le convalescent ne reçut qu'après beaucoup de caresses et de jappemens qui exprimaient sa reconnaissance.

Au bout d'un an, arrive à sa porte le même chien qui gratte, aboie, et fait tant de bruit qu'on est obligé de lui ouvrir. Le chirurgien reconnaît son malade, qui renouvelle ses caresses, descend l'escalier, remonte, va et vient, et insiste tellement que l'on descend avec lui pour savoir ce qu'il demande. Quelle fut la surprise du chirurgien de voir dans sa cour un autre chien qui avait la patte cassée et que le premier lui amenait à guérir!

Un enfant de treize ans était à se baigner dans la rivière; il fut tout à coup entraîné par le courant dans un trou profond, où il ne pouvait manquer de périr, si un chien qu'il avait ne fût venu à son secours. Cet animal plongea quinze fois à la surface, en le prenant tantôt par les cheveux , tantôt par les bras. Enfin, son manége donna le temps de sauver l'enfant; mais le généreux animal ne pouvant être assez tôt secouru , périt épuisé, après avoir conservé la vie de son jeune maître.

CIGOGNE.

La Cigogne est un oiseau de passage , à longues jambes du genre des hérons. Elle habite l'Egypte et l'Afrique en hiver. En été on les voit par troupes dans la Belgique et la Hollande.

Rien n'est plus admirable que le soin des Cigognes pour leurs pères et mères quand ils sont vieux. Il était anciennement défendu en Thessalie de tuer des Cigognes, parce qu'elles délivraient le pays des serpens, des grenouilles et des limaçons. On ne regarderait pas maintenant de bon œil en Hollande ceux qui détruiraient quelques-uns de ces oiseaux : on courrait risque d'être lapidé.

COLIBRI.

Le Colibri est un petit oiseau qui peu passer pour un chef-d'œuvre de la nature, par sa beauté, sa forme, sa façon de vivre et sa petitesse. Il est commun en Amérique, et n'est guère plus gros que l'oiseau-mouche. Il ne se nourrit que du suc des fleurs, autour desquelles il voltige comme le papillon. Il ne pond que deux œufs gros comme des pois. Les petits du Colibri ne sont guère plus gros que des abeilles.

CONDOR.

Le Condor est un très-grand oiseau, qui a quinze pieds d'envergure ; ses ongles ressemblent plutôt à ceux des poules qu'aux griffes des oiseaux de proie , mais son bec est assez fort pour ouvrir le ventre d'un bœuf ; sa tête est ornée d'une crête , son plumage est noir et blanc : il habite l'Amérique.

Le Condor fait un si grand bruit en s'abattant, que les habitans du voisinage en sont effrayés. Il vit habituellement de poisson , et dévore quelquefois des enfans.

CORBEAU.

Le Corbeau est un oiseau de moyenne grandeur , très-noir , dont le croassement est sinistre , qui vit fort long-temps, et qui mange tout ce qu'il rencontre , même les charognes. On apprend aux jeunes Corbeaux à parler, comme aux pies et aux perroquets. Les petits Corbeaux s'appellent Corbillards.

En Angleterre , il était défendu de faire aucun mal aux Corbeaux parce qu'ils mangent les débris d'animaux qui peuvent empester l'air.

CRAPAUD.

Le Crapaud est une espèce d'amphibie à quatre pattes, du genre et de la famille des Grenouilles, dont il diffère en ce qu'il se traîne à terre, tandis que la Grenouille saute.

Le Crapaud est laid. Il a quatre doigts aux mains de devant et six aux pattes de derrière. Quand il est poursuivi, il lance une liqueur venimeuse qui produit l'enflure. Sa bave est également malsaine ; et souvent des salades où ces animaux avaient passé ont causé des indigestions ; ce qui doit engager à laver les herbes avant de les manger.

CROCODILE.

Le Crocodile est le plus gros des lézards. Il y en a qui ont vingt pieds de long et davantage. On en voit beaucoup en Egypte, sur les bords du Nil. Cet animal est très-vorace : il a une gueule énorme, des dents longues, serrées, aiguës. Son

corps est couvert d'écailles impénétrables.
Il mange les hommes et les enfans qu'il
peut attraper.

CYGNE.

Le Cygne est le plus grand et le plus
beau des oiseaux aquatiques ; il nage avec
grâce. Son plumage est d'une blancheur
qui a passé en proverbe. Il a sept pieds
d'envergure.

La voix du Cygne est forte, mais rauque;
et on doit regarder comme fabuleux ce que
les anciens ont dit de sa mélodie.

DINDON.

Les poules d'Inde sont de gros oiseaux
qui nous ont été apportés des Indes oc-
cidentales et qui se sont multipliés en Europe. On les conduit dans les champs ,
comme des troupeaux , pour les faire
paître.

La tête et le cou du coq d'Inde sont re-
couverts d'une peau qui se gonfle et s'a-
nime lorsqu'il est agité de quelque passion.
Le sommet de sa tête paraît alors tricolore , bleu , blanc et rouge. Il fait aussi

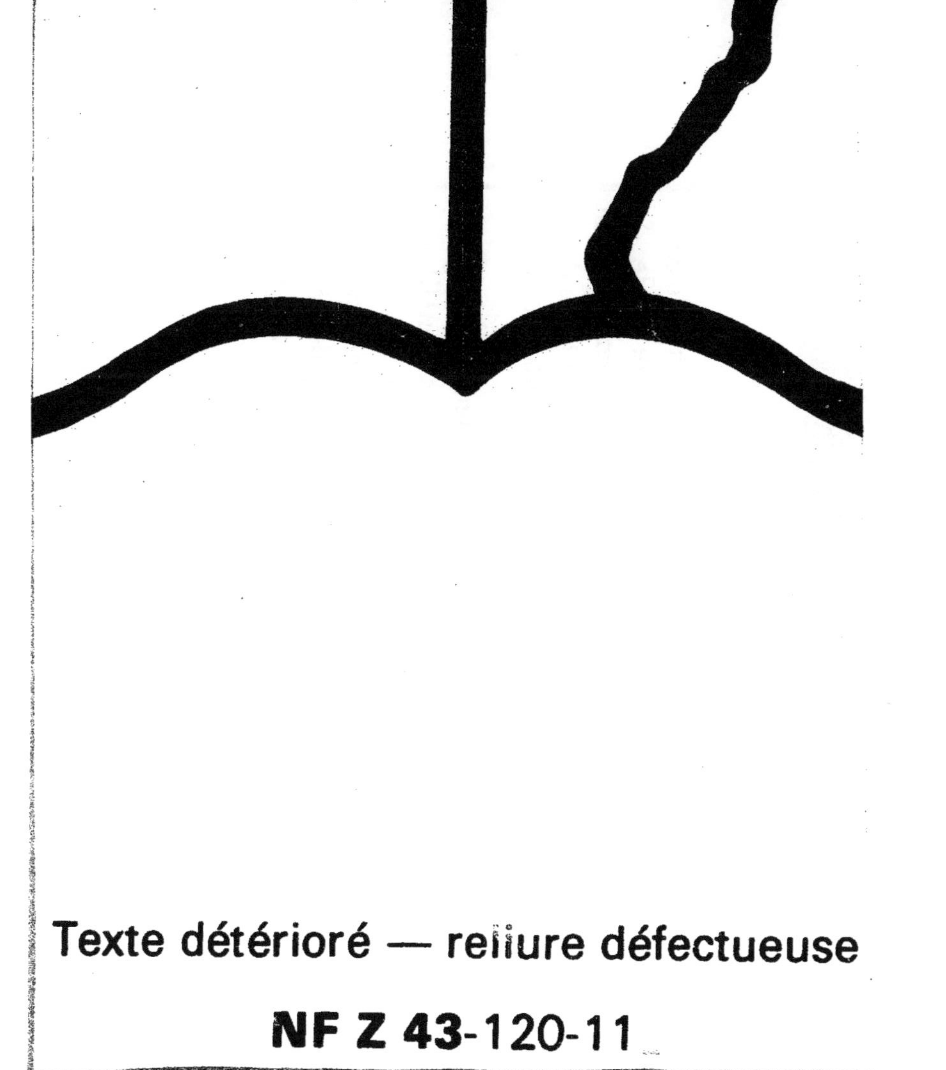

Texte détérioré — reliure défectueuse

NF Z 43-120-11

la roue avec sa queue , comme le Paon , et digère tout avec facilité.

ECUREUIL.

L'Ecureuil est un petit quadrupède connu de tout le monde , dont la tête et le dos sont de couleur fauve et le ventre blanc. Ses pattes sont des mains , dont les doigts ont des ongles : aussi grimpe-t-il sur les arbres avec agilité.

Cet animal n'est qu'à demi-sauvage. Il mérite d'être épargné par sa gentillesse , sa docilité et l'innocence de ses mœurs. Sa nourriture ordinaire se compose de fruits, d'amandes , de glands, de noisettes. Il est propre , leste , industrieux , éveillé.

Sa jolie petite figure est rehaussée par une belle queue, en forme de panache, qu'il relève jusqu'au-dessus de sa tête, et sous laquelle il se met à l'ombre. Il fait en été des provisions de noisettes pour l'hiver.

ÉLÉPHANT.

L'Éléphant est le plus grand des quadrupèdes, comme la baleine est le plus grand des poissons et l'autruche le plus grand des oiseaux. Son corps est gros et court, ses jambes raides et mal formées, ses pieds ronds et tortus, ses yeux petits

4

en raison de la grosseur de sa tête et de la
grandeur de ses oreilles. Sa trompe et ses
défenses achèvent de le rendre extraordi-
naire.

L'Eléphant a l'intelligence du Castor,
l'adresse du Singe, le sentiment du Chien
et la longue vie du Cerf. Il peut porter sur
son dos une tour armée en guerre. Il joint
à la force et au courage le sang-froid et
la prudence. Il se souvient des bienfaits
comme des injures. L'Eléphant habite l'A-
frique et l'Asie.

L'empereur Domitien, voulant donner
une fête aux Romains, fit dresser une
troupe d'éléphans pour danser un ballet.
Un de ces animaux fut corrigé pour n'avoir
pas bien retenu sa leçon, et l'on remarqua,
la nuit suivante, qu'il la répéta de lui-même
au clair de la lune.

Un Eléphant maltraité par son cornac,
c'est-à-dire son conducteur, et devenu furieux par les mauvais traitemens, le tua.
La femme de ce malheureux prit ses deux
enfans, et les jeta devant l'animal irrité en
lui disant : Puisque tu as tué mon mari,
ôte-moi la vie, ainsi qu'à ces pauvres enfans. L'Eléphant parut touché, saisit avec

sa trompe le plus âgé des enfans, le mit
sur son cou, et depuis ne voulut jamais
souffrir d'autre conducteur.

Un soldat de Pondichéry, qui avait cou-
tume de donner à un Éléphant une certaine
mesure d'arack chaque fois qu'il touchait
son revenu, ayant un jour bu plus que de
raison, et se voyant poursuivi par la garde
qui voulait le conduire en prison, se réfugia sous l'éléphant et s'y endormit. Ce
fut en vain que la garde tenta de l'arracher
de cet asile. L'animal reconnaissant dé-
fendit son ami, et vint à bout d'écarter les
soldats. Le lendemain, cet homme revenu
de son ivresse, frémit à son réveil de se voir
couché sous un animal d'une grosseur si
énorme. L'Éléphant qui s'aperçut peut-
être de son effroi, le caressa avec sa trompe,
et sembla lui faire entendre qu'il pouvait
s'en aller.

FAISAN.

Le Faisan, si remarquable par son plumage brun, or et vert, demande des soins
dans nos climats. Il est de l'espèce de nos

poules de basse-cour et se familiarise aisément.

FAUCON.

Le Faucon , ainsi nommé parce que ses
griffes sont faites en forme de faulx, est un
oiseau de proie qui poursuit les autres oiseaux et les lièvres.

On le dresse pour la chasse ; on l'accoutume à se tenir sur le poing, à partir quand
on le jette, à revenir quand on le rappelle.

FAUVETTE.

La Fauvette est un petit oiseau connu
par son chant mélodieux. Il y en a de plusieurs couleurs. La Fauvette à tête noire

est celle qui chante le mieux et qu'on élève
de préférence.

FOURMI.

La Fourmi est un insecte qu'on a beaucoup vanté pour son travail et son écono-
mie, parce qu'on la voit toujours en mouvement, mais qui ne fait pas de provisions, comme on le croit.

Il y a aux Antilles des fourmis noires
qu'on appelle Chiens, et dont la piqûre est
plus douloureuse que celle des scorpions.

GAZELLE.

La Gazelle est un joli quadrupède des
pays chauds, qui approche du Chevreuil
pour la forme et la figure. C'est la Chèvre
des Arabes. Elle a les yeux noirs, grands,
et si tendres que les Orientaux en ont fait
un proverbe. Elle a généralement le dos
fauve et le ventre blanc.

GIRAFFE.

La Giraffe est un bel animal qu'on trouve en Afrique. Son cou est très-long , ses jambes de devant plus hautes que celles de derrière. Il y a des Giraffes dont la tête s'élève à vingt pieds. Sa peau , de couleur fauve, est tachetée de blanc, à la manière des léopards.

C'est un animal doux à gouverner. On peut en voir un au Jardin-des-Plantes.

GRENOUILLE.

La Grenouille diffère du crapaud ; elle est svelte et légère. Elle s'accroupit comme les chiens, tandis que le crapaud rampe toujours. La Grenouille verte est la plus jolie : elle vit, dit-on, quinze ou seize ans.

Les Grenouilles ne sont pas venimeuses. On en voit à la Martinique de fort belles qui ont un pied de long.

GRUE.

La Grue est un oiseau de grande taille,

qui pèse jusqu'à dix livres. Elle a le cou et
le bec très-longs , ainsi que les jambes.

Les Grues sont des oiseaux de passage ,
qui volent par troupes , rangées en trian-
gles. On prétend qu'elles vivent plus de
quarante ans.

HÉRISSON.

Le Hérisson est un petit animal moins
gros qu'un lapin , dont tout le dessus du
corps est couvert de piquans durs et pointus. Il lève ou abaisse à son gré ces épines,
qui sont ses défenses naturelles. Quand il
a peur, il se met en rond, cache sa tête et
n'offre de toutes parts qu'une boule épi-
neuse. Il ne sort que la nuit, se nourrit de
fruits qu'il emporte sur son dos, et passe
l'hiver à dormir.

HIBOU.

Le Hibou , la chouette , le chat-huant sont des oiseaux nocturnes, dont quelques-uns ont des oreilles , le dos plombé et moucheté , le ventre d'un blanc sale, les pieds velus. Le cri du Hibou est lugubre ; il se nourrit de souris. Il habite le creux des arbres et les maisons abandonnées. Il supporte mal la clarté du jour.

HIPPOPOTAME.

L'Hippopotame ou cheval de rivière est un animal amphibie , qui tient du cheval et du bœuf, qui habite plus l'eau que la terre, et qui a environ douze pieds de long. Il a une peau épaisse et obscure, des moustaches comme les chats , point de poils. Il habite les rivières de l'Afrique, se promène au fond de l'eau et vient de temps en temps à la surface respirer et hennir. Il se nourrit de poisson et va aussi paître l'herbe sur les rivages.

HYÈNE.

L'Hyène est à peu près de la grandeur
du loup , mais son corps est plus court et
plus ramassé. Ses oreilles sont longues et
droites. Cet animal est d'un naturel féroce
et ne s'apprivoise jamais ; il se jette sur le
bétail et attaque quelquefois les hommes.
Ses yeux brillent dans l'obscurité, et l'on
prétend qu'il voit mieux la nuit que le jour.
Lorsque la proie lui manque, l'Hyène dé-
terre les cadavres et les dévore. Elle pousse
un mugissement qui ressemble au rire ,
lorsqu'elle tient du butin.

IBIS.

L'Ibis est un grand oiseau d'Egypte qui ressemble un peu à la cigogne. Son plumage est d'un blanc roux. Il mange les lézards, les grenouilles, les serpens : c'est ce qui l'avait rendu cher aux Egyptiens. Il ne boit jamais d'eau trouble. Il y a des Ibis noirs.

ICHNEUMON.

L'Ichneumon ou rat d'Egypte est plus grand que les rats de notre pays. Son poil est roux, noir et blanc. Il a trois rangs de moustaches ; il détruit les œufs de Crocodile et attaque les serpens. Quoique difficile à apprivoiser, on l'élève en Egypte, comme les chats en France.

JAGUAR.

Le Jaguar est le tigre du nouveau monde. Il est de la grandeur d'un dogue ordinaire;

la robe, de couleur fauve, est semée de
taches. Il est moins féroce que le Tigre,
car il cesse le carnage dès qu'il est repu, et
on le fait fuir avec un tison allumé. Les
sauvages prétendent qu'il aime mieux leur
chair que celle des Européens.

LAPIN.

Le Lapin, si commun en Europe, habite ordinairement les montagnes, où il se
creuse des terriers. Sa couleur naturelle est
grise, mais lorsqu'il est apprivoisé, ses
couleurs varient, comme chez les autres
animaux domestiques. Quoique semblable
au Lièvre, le Lapin est d'une espèce dif-
férente. Il multiplie excessivement, et a
plus d'instinct que le Lièvre.

LÉZARD.

Le Lézard ordinaire a communément
cinq à six pouces de long et un demi-pouce
de large. Il a quatre pattes qui représen-
tent des mains à cinq doigts, munis de

petits ongles crochus. Ce petit animal peut vivre huit mois sans prendre de nourriture. Il détruit les mouches et les insectes.

Les Lézards gris changent de peau deux fois l'année. Ils aiment beaucoup le soleil et sont familiers.

LIÈVRE.

Les Lièvres sont très-répandus partout, excepté dans le Nord. Ils n'ont pas, comme le Lapin, l'instinct de se creuser des terriers ; leur gîte est à fleur de terre. Ils ont l'ouïe très-fine, et courent avec une légèreté qui fait souvent leur salut.

Le Lièvre a pour ennemis l'homme, le Loup et les oiseaux de proie.

LION.

Le Lion a la figure imposante, le regard
assuré , la démarche fière, la voix terrible.
Sa taille est bien prise et si bien propor-
tionnée que son corps paraît être le modèle
de la force jointe à l'agilité. N'étant chargé
ni de chair ni de graisse , il est tout nerf
et tout muscles. Cette grande force muscu-
laire se marque au-dehors par des sauts
et des bonds prodigieux qu'il fait avec aisance , par le mouvement brusque de sa

queue , qui est assez forte pour terrasser un homme , par sa crinière, qui se hérisse lorsqu'il est en fureur.

Les Lions de la plus grande taille ont environ huit pieds de longueur depuis le nez jusqu'à l'origine de la queue , qui est elle-même longue de quatre pieds. Ces grands Lions ont quatre à cinq pieds de hauteur.

La couleur du Lion est fauve sur le dos et blanche sous le ventre. La Lionne, qui est plus petite que le mâle, n'a pas de crinière. Elle pousse à l'extrême sa tendresse maternelle.

Les Lions habitent les climats brûlans de l'Afrique et de l'Asie. Ils voient la nuit comme des chats ; on les a quelquefois apprivoisés. Ils sont sensibles aux bienfaits et à l'injure. On lit dans l'histoire du Paraguay une anecdote que nous rapporterons ici :

« Les Espagnols étaient assiégés dans Buénos-Ayres, et le gouverneur avait défendu aux habitans de sortir de la ville sous peine de mort. La faim engagea pourtant une femme, nommée Maldonata, à braver

ses ordres. Elle s'échappa dans la campagne,
et se réfugia pour la nuit dans une caverne
où elle trouva une Lionne , dont la vue la
saisit de frayeur.

La Lionne vint à elle , et Maldonata se
rassura un peu en voyant que la Lionne ,
loin de lui faire du mal , cherchait à la ca-
resser. Elle s'aperçut bientôt que la pauvre
bête était sur le point de mettre bas ; elle
ne craignit pas de l'aider et reçut de nouveaux témoignages de reconnaissance de la
part de la Lionne.

Dès qu'elle eut fait ses petits , elle sortit
pour aller chercher de la nourriture , dont
elle mit une part aux pieds de Maldonata.
Cette vie dura tant que les lionceaux de-
meurèrent dans la caverne. Mais un jour
que la Lionne était sortie avec ses petits ,
elle ne revint plus. Maldonata fut obligée
d'aller chercher elle-même sa subsistance.
Elle tomba entre les mains des Indiens,
et fut reprise par les Espagnols qui la ra-
menèrent à Buénos-Ayres.

Le commandant de la ville, sachant que
Maldonata avait désobéi à une loi capi-
tale , ne la crut pas assez punie par ses

malheurs, et donna ordre qu'elle fût liée à un arbre dans la campagne pour y mourir de faim, ou pour y être dévorée par les bêtes féroces.

Deux jours après, il voulut savoir ce qu'elle était devenue. Quelques soldats, qu'il chargea de cet ordre, furent surpris de la trouver pleine de vie, quoiqu'environnée de Tigres et de Lions qui n'osaient l'approcher, parce qu'une grande Lionne qui était à ses pieds avec plusieurs Lionceaux semblait la défendre.

A la vue des soldats, la Lionne se retira un peu, comme pour leur laisser la liberté de délier sa bienfaitrice. Maldonata leur raconta l'aventure de sa Lionne, et quand ils en eurent fait leur rapport au commandant, il comprit qu'il ne pouvait, sans paraître plus féroce que les Lions mêmes, se dispenser de faire grâce.

LOUP.

Le Loup est un animal des bois ; il est farouche et carnassier. Son museau est alongé , ses oreilles courtes et droites , sa queue est grosse et couverte de longs poils grisâtres ; ses yeux sont bleus et étincelans , l'ouverture de sa gueule est grande ; il a le cou si court qu'il ne peut le remuer ; ce qui l'oblige à tourner tout son corps lorsqu'il veut regarder de côté. Il a l'odorat fin ; il est le plus goulu de tous les animaux.

Le Loup ressemble beaucoup au chien, mais s'ils sont semblables par la forme, leur caractère diffère totalement et ils sont ennemis par instinct. Un jeune chien frissonne à l'aspect d'un loup, il fuit à son odeur seulement ; mais un chien qui connaît ses forces, attaque le Loup et le combat jusqu'à la mort. Si le Loup est vainqueur, il déchire et dévore sa proie ; le chien, plus généreux, se contente de la victoire.

Le Loup est l'un des animaux dont l'appétit pour la chair est le plus véhément ; et quoiqu'avec ce goût il ait reçu de la nature les moyens de le satisfaire, qu'elle lui ait donné des armes, de la ruse, de l'agilité, de la force, cependant il meurt souvent de faim, parce que l'homme lui ayant déclaré la guerre, le force à fuir et à demeurer dans les bois. Il est naturellement poltron, mais il devient hardi par nécessité. Pressé par la faim, il brave le danger, vient attaquer les animaux qui sont sous la garde de l'homme. Il parcourt les campagnes, rôde autour des habitations, ravit les animaux abandonnés, vient attaquer les bergeries, gratte

et creuse la terre sous les portes , entre furieux , met tout à mort avant de choisir et
d'emporter sa proie. Enfin, lorsque son besoin est extrême , il s'expose à tout , attaque les hommes mêmes , et devient en-
ragé par ces accès, qui finissent ordinairement par la mort.

Lorsqu'un loup tombe dans un piége , il
est tellement épouvanté qu'on peut lui
mettre un collier, l'enchaîner , et le conduire où l'on veut , sans qu'il ose donner
le moindre signe le colère.

LYNX OU LOUP-CERVIER.

Le Lynx ne voit pas à travers les mu‑
railles, comme le prétendaient les anciens,
mais il est vrai qu'il a les yeux brillans, le
regard doux, l'air agréable et gai. Il res‑
semble beaucoup au Chat, dont il a les
mœurs et la propreté. Il n'a rien du Loup
qu'une espèce de hurlement qui, se faisant
entendre de loin, peut tromper les chas‑
seurs, et leur faire croire qu'ils entendent
un Loup.

Pour le distinguer du vrai Loup, on lui

donne l'épithète de Cervier , parce que sa peau est variée de taches comme celles des jeunes Cerfs. Le Lynx est ordinairement de la grosseur d'un Renard. Il ne court pas de suite comme le Loup; il marche et saute comme le Chat ; il vit de chasse et poursuit son gibier jusque sur les arbres. Les chats sauvages, les martres, les écureuils ne peuvent lui échapper ; il saisit les oiseaux, il attend les Cerfs , les Chevreuils , les Lièvres au passage, et s'élance dessus ; il les prend à la gorge, et lorsqu'il s'est rendu maître de sa victime , il en suce le sang et lui ouvre la tête pour manger la cervelle , après quoi, souvent il l'abandonne pour chercher une nouvelle proie.

MARMOTTE.

La Marmotte est un petit animal quadrupède , moins grand qu'un Lièvre , bien plus trapu , et qui joint beaucoup de force à beaucoup de souplesse. Elle a le nez, les lèvres et la forme de la tête comme le Lièvre , le poil et les ongles du Blaireau , les dents du Castor , la moustache du Chat, les yeux du Loir, les pieds de l'Ours, la queue courte et les oreilles tronquées. La couleur de son poil, sur le dos, est d'un roux assez brun ; ce poil est assez rude ; mais celui du ventre est roussâtre, doux, et touffu. Elle a la voix et le murmure d'un petit chien, lorsqu'elle joue ou qu'on la caresse ; mais lorsqu'on l'irrite ou qu'on l'effraie, elle fait entendre un sifflet perçant et aigu.

La Marmotte, prise jeune, s'apprivoise plus qu'aucun animal sauvage ; elle apprend aisément à saisir un bâton, à gesticuler, à danser, à obéir à la voix de son maître. Quand elle commence à être familière dans une maison et qu'elle se croit appuyée par son maître, elle attaque et mord les chiens les plus redoutables.

Les Marmottes s'engourdissent par le froid. C'est ordinairement au commencement d'octobre qu'elles se renferment dans leur retraite, pour n'en sortir qu'au mois d'avril. Celles que l'on nourrit dans les maisons et que l'on a soin de tenir chaudement, ne s'engourdissent dans aucun temps.

MERLE.

Le Merle est un oiseau très-commun et du même genre que les étourneaux et les grives. Il ne devient d'un beau noir et son bec n'est jaune que lorsqu'il est déjà avancé en âge ; dans sa jeunesse, il est brun.

Les Merles construisent leur nid avec beaucoup d'art. Il est composé extérieurement de mousse, de rameaux déliés et de menues racines attachées ensemble par de la boue, qui tient lieu de colle. Ils bâtissent leur nid dans l'épine blanche.

MOINEAU.

Ce petit oiseau est fort incommode parce qu'il fait tort aux grains , aussi bien dans les greniers et les granges que dans les campagnes. Il s'apprivoise facilement et s'attache à ceux qui lui donnent sa nourriture.

MULET.

Le Mulet, fils du Cheval et de l'Anesse

est ordinairement d'un brun noir ; il a , comme l'Ane, une croix sur le dos. Le Mulet vit une trentaine d'années.

Plutarque , dans la vie de Caton-le-Censeur , parle d'une Mule qui , ayant été très-long-temps employée à des travaux publics , fut mise en liberté. On la laissait paître où elle voulait. Mais cet animal, regrettant en quelque sorte d'être inutile , venait de lui-même se présenter au travail et marchait à la tête des autres bêtes de somme, comme pour les exciter et les encourager ; ce que le peuple vit avec tant de plaisir qu'il ordonna que la Mule serait nourrie jusqu'à sa mort aux dépens du public.

NAIN.

Le Nain est en petitesse ce que le géant est en grandeur; ils sont les deux extrêmes dans la nature.

Nous dirons quelques mots de Bébé , ce fameux nain du roi de Pologne. Il naquit dans les Vosges , d'un père et d'une mère sains et bien conformés. Un sabot lui servit long-temps de berceau. Il grandit peu et ne donna jamais que des marques imparfaites d'intelligence : il aimait la musique. A vingt-deux ans , il tomba dans la caducité ; à vingt-six, il mourut de vieillesse, le 9 juin 1764 , grand comme un enfant de trois ans.

OIE.

L'Oie ordinaire est un oiseau de basse-cour , plus petit que le Cygne , plus grand que le Canard , et qui aime l'eau comme ces deux espèces.

L'Oie siffle , comme le Serpent , dans sa colère ; elle vit fort long-temps et devient fort méchante dans sa vieillesse. On cite des Oies qui ont vécu plus de cinquante ans.

Cet oiseau se nourrit principalement d'herbe et de grains. Il est vigilant et garde la nuit aussi bien que les chiens; car il jette des cris dès qu'il entend du bruit.

OISEAU-MOUCHE.

C'est à peu près le Colibri ; ce joli oiseau est appelé Oiseau-Mouche à cause de sa petitesse.

OURS.

L'Ours est un quadrupède sauvage fort velu , dont la tête a quelque rapport avec celle du Loup. Il a les sens de la vue , de l'ouïe et du toucher très-bons , quoiqu'il ait l'œil très-petit , les oreilles courtes, le poil touffu ; il a l'odorat excellent. Il a les

bras et les jambes charnues comme
l'homme. Il se tient debout, se sert de ses
mains, et frappe avec ses poings comme
l'homme avec les siens. Il y a des Ours
bruns et des noirs, qui ont des habitudes
différentes. Il y a aussi des Ours blancs qui
vivent sur les rivages des mers du Nord.
En général l'Ours est solitaire et frileux ;
on l'apprivoise un peu ; on l'accoutume à
se tenir debout et à danser au son du tam-
bourin.

On conte qu'en Islande les chasseurs qui
cherchent les ours donnent un coup de sifflet, lorsqu'ils aperçoivent un de ces animaux. L'ours surpris s'arrête et se dresse
debout. Alors on lui jette un gant, dont
il ne manque pas de retourner chaque
doigt ; pendant ce temps, on lui tire un
coup de fusil; mais si on le manque, il ac-
court furieux, se précipite sur le chasseur, l'embrasse de ses pattes de devant
et l'étoufferait si l'homme n'était pas secouru.

PANTHÈRE

La panthère a le poil fauve, marqué de taches noires en grands anneaux ou en rosaces. L'once est une sorte de panthère plus petite, dont le poil est gris. Le Léopard, qui tient le milieu pour la taille entre l'Once et la Panthère, est aussi de couleur fauve, mais avec des taches plus petites et plus irrégulières.

La panthère, l'once, le léopard, sont de la nature du tigre. Ils ont l'air féroce, l'œil inquiet, les mouvemens brusques, le regard cruel. Ils craignent l'homme, grimpent sur les arbres comme les chats ; on apprivoise l'Once, mais non la Panthère ni le Léopard.

PAON.

Le paon est un oiseau que tout le monde connaît et qui se distingue par l grandeur et la richesse de sa queue , qu'il se plaît à étaler. Le mâle porte une huppe sur la tête; la femelle a la queue heaucoup moins belle. Le paon sert de garde comme l'oie, et fait de grands cris lorsqu'il voit des étrangers. Il se nourrit des mêmes alimens que les poules. On le servait autrefois sur les tables comme le faisan, quoique sa chair soit dure et sèche.

PAPILLON.

Le papillon est un petit insecte qui a des pieds, quatre ailes, des antennes, et une prodigieuse variété de couleurs.

L'histoire des papillons doit se lier avec celle des chenilles, puisque les chenilles passent toutes à l'état de chrysalide ; où elles paraissent inanimées dans leur curieuse enveloppe, et ne sortent de là que pour revivre sous la forme de papillon.

C'est un spectacle intéressant que l'essor de ce nouvel insecte. Le nouveau papillon, averti par l'instinct que ses forces lui permettent de rompre sa prison, fait un puissant effort qui lui ouvre une seconde fois les portes de la lumière, qu'il va voir avec de nouveaux yeux. Ses ailes, qui d'abord ne paraissent presque pas, s'étendent à vue d'œil et se développent, et la chenille qui rampait vole sous sa forme de papillon.

Mais comment les papillons, qui sont renfermés quelquefois dans des coques d'un tissu si serré, que nous ne pourrions pas les déchirer avec nos doigts (telle est, par exemple, la coque du ver à soie) ; comment ces papillons, auxquels nous ne connaissons aucun instrument capable de faire une pareille opération pourront-ils y réussir ? Ils dégorgent de leur bouche une liqueur mousseuse, qui humecte le bout de la coque ; puis, à coups de tête donnés à plusieurs reprises contre cet endroit affaibli par l'humectation, ils viennent à bout de le crever et se glissent par cette ouverture.

Dans toutes les coques on trouve toujours deux dépouilles, celle de la chenille et celle de la chrysalide.

La beauté du papillon, la vivacité, la surprenante variété de ses couleurs, l'élégance de sa forme, font le charme des yeux. Sa légèreté, son air animé, sa course vagabonde et volage , tout nous plaît en lui. L'or , l'argent , l'azur, la nacre , la pourpre , contribuent à sa magnificence. Les plus beaux papillons se montrent le jour.

Les papillons nocturnes ont des nuances sombres ; tel est surtout le papillon à tête de mort , ainsi nommé parce que des espèces de tête de mort sont figurées sur ses ailes.

PÉLICAN.

Le pélican est un oiseau aquatique de la grosseur du cygne , dont le bec a neuf pouces de long , dont la tête et les ailes sont bleues , la queue noire , et le reste du plumage blanc , et qui vit fort long-temps. Il est commun en Afrique et en Amérique. Il a sous le bec un sac qu'il emplit de poisson , pour sa provision et pour la nourriture de ses petits. Le pélican est un oiseau triste et mélancolique.

PERCE-OREILLE.

Le perce-oreille est une espèce d'insecte alongé , fauve , très-agile et qui court fort vite. Il a deux petites cornes à la tête , et l'extrémité de son corps est armée de deux pinces.

On le nomme perce-oreille parce qu'il recherche les oreilles, où il se glisse avec promptitude. Il mord et pince les endroits où il s'attache , ce qui cause beaucoup de douleur.

PERDRIX.

La perdrix est un oiseau que les naturalistes ont classé dans le genre des poules.
Il se nourrit de fourmis, de limaces et de
grain. Il court mieux qu'il ne vole, à
cause de la pesanteur de son corps et de la
petitesse de ses ailes. On l'accoutume à vivre
dans les basses-cours, surtout la perdrix
rouge, ainsi nommée de la couleur de ses
jambes et de son bec.

PERROQUET.

Les perroquets sont de beaux oiseaux indiens, mis par quelques naturalistes dans
l'ordre des oiseaux de proie, quoiqu'ils ne
soient pas carnivores. Ils ont la tête grosse,
le bec et le crâne très-durs. Leur grosse
langue leur donne la facilité de parler, de
chanter des chansons, de siffler, de con-
trefaire des instrumens et des animaux.
Le perroquet, quoique sujet à l'épilepsie,
vit très-long-temps.

Les anciens ne connaissaient qu'une espè-

ce de perroquet, dont le plumage était entièrement vert avec un collier rouge. Mais
on en a trouvé de grandes et riches variétés
en Amérique.

PIE.

La pie est un oiseau très-commun, qui
approche du corbeau. Elle est noire presque partout, excepté à la poitrine et aux
côtés, qui sont blancs. C'est un oiseau fort
babillard, qui apprend comme le merle à
articuler des paroles. La pie fait son nid
sur les arbres les plus élevés, et le garnit

d'épines à toutes ses surfaces , n'y laissant qu'un trou étroit pour entrée.

Elle mange les moineaux et les autres petits oiseaux , les œufs, les jeunes lapins. Elle aime à dérober et à faire des provisions.

On lit dans les anecdotes du dix-neuvième siècle par M. Collin de Plancy, une anecdote qui peut grossir l'histoire de la pie :

« Les habitans d'un petit village tout voisin de Vendôme avaient arboré en 1793 le drapeau tricolore à une fenêtre de leur clocher. Par hasard , ce drapeau, fait dans la commune , avait les bandes horizontales , au lieu qu'elles sont ordinairement perpendiculaires. Quelques semaines après, on s'aperçut avec indignation que les bandes rouge et bleue avaient été enlevées , et que par ce moyen le clocher ne présentait plus qu'un drapeau blanc.

» Voilà toute la commune en rumeur. Si quelque patriote étranger au village a remarqué cette circonstance , on va soupçonner toute la commune de mal penser et peut-être la poursuivre en masse. Au milieu de l'effroi que cette idée inspire, on recherche le coupable. On fait des perquisitions, et enfin, pour l'honneur du petit village voisin de Vendôme, on découvrit l'être séditieux qui avait arraché les deux tiers du drapeau tricolore. C'était une pie, qui en avait pris les lambeaux pour faire son nid.... »

PIGEON.

Le pigeon est un bel oiseau, très-familier, qui roucoule, qui vole parfaitement et qui multiplie beaucoup ; il se nourrit de grains. Son plumage, surtout celui de la gorge, a un éclat soyeux. Il fait très-mal son nid, et s'accoutume fort bien à vivre dans un colombier.

PINTADE.

La pintade est un oiseau de la grosseur et du genre des poules, dont le plumage est agréablement tacheté de blanc et de noir ; ses œufs sont également mouchetés. Elle a la queue baissée comme la perdrix. On l'appelle aussi poule d'Egypte.

POKKO.

Le pokko est un oiseau très-singulier
de la Côte d'Or en Afrique. Sa taille est
celle d'une oie, son plumage brun, ses
ailes d'une grandeur démesurée. A son cou
pend une espèce de bourse, assez courte
et de la grosseur du bras d'un homme.
C'est dans cette poche que l'animal dépose
sa nourriture, qui consiste en poissons. Il
mange en un seul repas ce qui suffirait à

quatre hommes. Il aime aussi beaucoup les rats et les avale tout entiers.

PORC OU COCHON.

De tous les quadrupèdes le cochon paraît être le plus brut ; les imperfections de sa forme semblent influer sur son naturel ; toutes ses habitudes sont grossières , tous ses goûts sont immondes , toutes ses sensations se réduisent à une gourmandise brutale, qui lui fait dévorer indistinctement tout ce qui se présente et même sa progéniture au moment qu'elle vient de naître.

La rudesse du poil , la dureté de la peau , l'épaisseur de la graisse, rendent ces animaux peu sensibles aux coups. On a vu des souris se loger sur leur dos, et leur

manger le lard et la peau , sans qu'ils pa-
russent le sentir. Il est rare qu'on laisse
vivre les cochons plus de deux ans ; cependant ils pourraient croître encore pendant
quatre ou cinq années. La durée de la vie
du sanglier peut s'étendre jusqu'à vingt-
cinq ou trente ans. Aristote dit que les cochons en général peuvent vivre une vingtaine d'années.

Les cochons sont communément blancs
dans les provinces septentrionales de
France ; ceux du Languedoc , du Dauphiné , de la Provence , sont noirs. Plus
cet animal s'adoucit par l'état de domesti-
cité , plus ses oreilles sont molles et sou-
ples. Celles du sanglier sont beaucoup plus
raides et moins longues.

PORC ÉPIC.

Le porc-épic pourrait être regardé
comme faisant la nuance entre les quadrupèdes et les oiseaux. Il est à peu près de la
grosseur d'un chien de moyenne taille ;
tout son corps est couvert de piquans un
peu courbes , pointus comme des aiguilles,

annulés de blanc et d'un brun noirâtre : il y en a de quinze pouces; ils sont flexibles. Ces piquans sont de vrais tuyaux de plumes auxquelles il ne manque que des barbes pour être de véritables plumes. Les sauvages du Canada teignent de plusieurs couleurs les piquans du porc-épic , et ils s'en servent pour broder des corbeilles , des ceintures et des bracelets.

POULE.

Le coq et la poule étant des animaux domestiques varient singulièrement pour les couleurs. Le coq se fait remarquer par la beauté de sa taille , par sa démarche fière et majestueuse , par ses longs éperons, par sa crête charnue , dentelée, d'un rouge vif et brillant, par ses pendans sous le menton , par la richesse et la variété de couleurs de son plumage et par le contour agréable des plumes de sa queue. Le coq est une horloge vivante pour les gens de la campagne. On a remarqué que de tous les oiseaux de jour , le coq et le rossignol sont les seuls qui chantent pendant la nuit. Les coqs sont fiers et courageux , ils se battent avec opiniâtreté. En Angleterre, on en élève avec soin pour les faire battre ensemble. Ces combats attirent une grande foule et donnent lieu à des paris considérables.

Les poules de moyenne grandeur et noires de plumage sont estimées les meilleures pondeuses. Comme elles font ordinairement des œufs en abondance pendant la plus grande partie de l'année, elles ne sauraient suffire long-temps à tant de production ; aussi elles deviennent souvent stériles au bout de trois ou quatre ans.

Une poule couve vingt et un jours. Elle quitte à peine son nid pendant ce temps, et souvent elle se laisserait manquer de nourriture si on ne la mettait pas à sa portée. La poule se sert de son bec pour retourner ses œufs et les changer de place; mais le poulet ouvre seul sa coquille , lorsqu'il est parvenu au degré d'accroissement qu'il doit avoir pour naître et pour jouir de la liberté. Au moment où le poulet brise sa coquille et en sort, il paraît si faible qu'il semble qu'il ne pourra vivre; mais au bout de vingt-quatre heures, ou ce petit oiseau

emplumé , courant , trottant , accourant
à la voix de sa mère , béquetant le grain
qu'elle lui montre et lui brise, et présen-
tant par sa gentillesse le plus agréable
spectacle , tandis que la mère présente
le tableau le plus frappant des soins et de
la tendresse maternelle.

RAT.

Le rat est carnassier et même carnivore ;
il semble préférer les choses dures aux plus
tendres ; il ronge la laine , les étoffes , les
meubles , perce le bois , fait des trous
dans les murs , se loge dans l'épaisseur des
planches. Malgré les chats et les piéges, ces

animaux pullulent tellement qu'ils causent souvent de grands dommages. Heureusement, quand la faim les presse, ils se détruisent entre eux.

RENARD.

Le renard ressemble beaucoup au chien; cependant il en diffère par la tête, qu'il a plus grosse à proportion de son corps ; il a aussi les oreilles plus courtes, la queue beaucoup plus grande, le poil plus long et plus touffu. Il en diffère encore par une mauvaise odeur qui lui est particulière. Il ne s'apprivoise pas aisément et jamais tout-à-fait ; il languit et meurt quand on lui refuse la liberté.

Le renard est fameux par ses ruses, et

mérite sa réputation. Fin autant que cir-
conspect, ingénieux et prudent, il varie
sa conduite, fait par adresse ce que le
loup fait par force. Il sait se mettre en sûreté, en pratiquant un asile où il se retire
dans les dangers pressans, où il s'établit
et élève ses petits ; ce n'est point un animal vagabond, mais domicilié. Il glapit,
aboie, et pousse un son triste, semblable
au cri du paon, En hiver, surtout pendant
la neige et la gelée, il ne cesse de donner
de la voix, et il est, au contraire, presque muet dans l'été.

Cet animal se loge aux bord des bois, à
la portée des hameaux. Il écoute le chant
des coqs et le cri des volailles ; il les
savoure de loin, il prend habilement son
temps, cache son dessein et sa marche, se
glisse, se traîne, arrive et fait rarement
des tentatives inutiles. S'il peut franchir
des clôtures ou passer par-dessous, il ne
perd pas un instant, il ravage la basse-
cour, il y met tout à mort, et se retire ensuite lestement, en emportant sa proie,
qu'il cache sous la mousse ou qu'il emporte à son terrier. Il revient, recom-

mence le même manège, jusqu'à ce que le jour ou le mouvement dans la maison l'avertisse qu'il faut se retirer et ne plus revenir.

Il se sert de sa queue pour prendre des écrevisses qui s'y attachent.

Quand il est tourmenté par les puces, ce qui lui arrive souvent, il prend dans son museau une touffe de mousse ou de foin, et entre dans l'eau à reculons, mais si lentement que ses hôtes incommodes ont le temps de se retirer sur les endroits les plus secs de son corps. Il s'enfonce enfin jusqu'à l'extrémité de son museau, et quand il croit avoir ramassé toutes ses puces dans la touffe qu'il tient, il la lâche et sort promptement de l'eau.

RENNE.

Le renne est le cerf des Lapons. Il est plus grand que les cerfs de nos climats. Il a les pieds fendus, plus courts et plus gros que ceux du cerf. On dit que lorsqu'il marche, les jointures de ses jambes font le bruit de deux cailloux qui tomberaient l'un sur l'autre. Les Lapons apprivoisent le renne qui leur donne son lait, traîne leurs charriots, et dont la chair est excellente. Ainsi cet animal leur tient lieu de nos chevaux, de nos vaches et de nos moutons.

REQUIN.

Le requin, ou chien de mer, est le plus redoutable des poissons. Il est vorace et digère avec promptitude ; il a la gueule et le gosier larges. Sa bouche est armée de six rangs de dents au nombre de plus de deux cents ; elles sont aiguisées et découpées comme une scie. On a vu des requins qui pesaient trente mille livres. On en a pris à Marseille qui avaient dans leur estomac des hommes entiers. C'est dans ce poisson sans doute que, Jonas passa trois jours et trois nuits, selon les saintes écritures.

Le requin a jusqu'à vingt-cinq pieds de long sur quatre pieds de diamètre. Ses petits yeux sont d'un rouge enflammé. Comme sa gueule est à une distance d'un pied du bout de son museau, il est obligé pour mordre facilement, de se mettre sur le côté ou de se retourner sur le dos. Sans cette difficulté, on prétend qu'il dépeuplerait la mer.

En 1774, un matelot provençal se baignant dans la Méditerranée près d'Antibes, s'aperçut qu'un requin nageait au-dessous de lui et le suivait. Le matelot, par un cri lamentable, implora le secours de ses compagnons qui étaient près de là sur le vaisseau. Ils lui jetèrent une corde qu'il s'attacha au-dessous des bras, et ils l'enlevèrent rapidement. Le requin alors s'élança hors de l'eau avec tant de vigueur, qu'il lui emporta une jambe comme s'il l'eût coupée avec une hache.

RHINOCÉROS.

Ce grand quadrupède est ordinairement

haut de six pieds et long de douze. Il a la tête assez semblable à celle du sanglier, excepté le museau qui est rond, et les oreilles qui sont droites. La peau de sa lèvre supérieure peut s'étendre en forme de bec d'aigle ; la corne qui est sur son nez est quelquefois double, surtout en Afrique, mais rarement. Sa peau est épaisse et plissée ; il n'a de poils qu'à la queue et aux oreilles. Il se nourrit d'herbes et de fruits. On assure qu'il vit plus de deux cents ans.

On dit aussi que le rhinocéros est ennemi de l'éléphant. Quand il se bat avec lui, il cherche à lui enfoncer sa corne dans le ventre. Cette corne a souvent deux pieds de longueur ; elle est d'une extrême dureté et se vend trois ou quatre cents francs.

ROITELET.

Le roitelet est le plus petit des oiseaux de nos climats. Il pèse à peine une demi-once. Il est gai, alerte, vif ; il s'approche de l'homme, mais se laisse prendre difficilement, et s'apprivoise quelquefois. Il y a des roitelets qui ont sur la tête une huppe d'un jaune doré.

ROSE.

C'est avec raison que depuis Pline on a toujours donné à la rose le nom de *reine des fleurs*. Sa beauté est égale à la suavité de son odeur.

Il y a une immense diversité de roses qui toutes sont supérieures aux fleurs les plus rares.

ROSSIGNOL.

Le rossignol tient le premier rang entre les oiseaux chanteurs, qu'il surpasse tous par la douceur de sa voix, la variété de ses tons et ses fredons harmonieux ; il ne pèse qu'une once. Quand il ouvre son bec flexible, il fait voir un large gosier de couleur jaune orangée. Il est solitaire et craintif et s'attriste en cage.

Les rossignols ont grand soin de leurs petits, et les instruisent ; ceux-ci écoutent avec attention et docilité et répètent ensuite leurs leçons.

SANGLIER.

Le sanglier et le porc sont tout-à-fait la même espèce; seulement le premier est sauvage, le second est domestique. S'ils diffèrent par quelques marques extérieures et par quelques habitudes, ces différences ne sont que relatives à leur condition.

SANGSUE.

La sangsue est un insecte aquatique, sans pieds, sans nageoires et sans arêtes, qui a la figure d'un gros ver, et qui vit dans les marais. Sa bouche est triangulaire et armée de trois dents aiguës et assez fortes pour percer la peau d'un homme et même celle d'un bœuf.

Quand une sangsue veut piquer, elle s'affermit sur sa queue, ouvre la bouche et s'applique comme une ventouse à l'endroit qu'elle doit percer. Ces insectes aiment beaucoup le sang; on les emploie en médecine pour tenir lieu de saignée.

SCORPION.

Le scorpion est un insecte très-commun en Italie et dans le midi de la France. Il ressemble à une petite écrevisse; sa couleur est généralement celle du café brûlé. Il a un aiguillon dont la piqûre est vénimeuse et peut causer de graves accidens. On s'en guérit par des compresses d'huile dans laquelle on a noyé des scorpions, ou en écrasant le scorpion sur la plaie, parce qu'il porte en lui-même son contre-poison.

Les scorpions sont très-féroces et se mangent entre eux. Maupertuis enferma cent scorpions dans un bocal; ce fut un massacre tel, qu'au bout de peu de jours il n'en restait que quatorze, qui avaient dévoré tous les autres.

SERIN.

Tout le monde connaît ce joli petit oiseau auquel on apprend à parler et à siffler des airs entiers. Le serin des Canaries
est le plus recherché. Il se familiarise , et
vit dix-huit à vingt ans lorsqu'on en a soin.
On le nourrit de chenevi et de mouron.

SERPENT.

Le serpent , la couleuvre , la vipère ,

sont des reptiles de la même famille, rampent et ne marchent pas, parce qu'ils manquent de jambes. Il y a une extrême diversité dans la figure des serpens, quoique tous semblables par la forme. Les uns ont des dents canines ; d'autres ont des dents de poisson engrainées l'une dans l'autre comme les dents de deux scies. Quelques-uns ont une crête sur la tête.

Ils ont généralement sous la langue une petite vessie dans laquelle est le venin qu'ils communiquent avec leur morsure. Les femelles font généralement des œufs d'où sortent leurs petits.

Le serpent se nourrit d'herbes, de chenilles, de cloportes, d'oiseaux. Il aime beaucoup le lait : il peut rester long-temps sans manger, et digère très-lentement. On a trouvé des souris et des grenouilles peu endommagées dans l'estomac d'un serpent qui les avait avalées depuis un mois.

Les serpens aiment à vivre en société, ils changent de peau tous les ans, et leur venin est plus dangereux après qu'ils ont fait peau nouvelle. Il y a dans l'Inde et en

Amérique d'énormes serpens, appelés *bo a alligator*, etc. , qui attaquent des bœufs , les enveloppent , les étouffent et s'en repaissent. Le serpent *à sonnettes* se nomme ainsi à cause du bruit qu'il fait avec sa queue. Il est très-redoutable.

Il y a pourtant des serpens qui se familiarisent, et on en a vu que des dames se mettaient autour du cou, comme un collier.

SINGE.

Le singe est un animal quadrupède , à figure humaine, qui peut tenir le second rang parmi les êtres animés.

Le singe a comme nous des cils aux pau-
pières ; ses jambes de derrière et celles
de devant ressemblent à nos jambes et à
nos bras ; il se tient facilement debout.
Il a comme nous des doigts aux mains ;
celui du milieu est aussi le plus long ;
mais il y en a qui ont une queue : ils diffèrent, selon le pays, par la taille. L'o-
rang-outang, ou homme des bois, a quatre
ou cinq pieds de haut, et les épaules larges
comme un homme.

Les singes, quoique très-ingénieux dans
toutes leurs fonctions, sont imitateurs et
n'imaginent guère. Ils sont enclins à voler
et à détruire, sensibles au bien être et à
la détresse ; ils vont par troupes. On en a
vu s'entendre pour voler une melonnière.
Une partie de la bande entre dans le jar-
din et se range eu haie de manière à for-
mer la chaîne. Alors ils se jettent de main
en main les melons que chacun reçoit adroi-
tement et avec une rapidité extrême. La li-
gne qu'ils forment finit ordinairement sur
quelque montagne ; ce vol se fait dans un
profond silence, et la bande se retire pour
souper en société.

Ils se défendent en troupes, quand on

les attaque et ne manquent pas de courage.

La femelle du singe qu'on appelle gue-
non, est très-tendre pour ses petits.

Le singe se familiarise, s'élève, fait des
tours d'adresse, mais on ne peut lui ap-
prendre à parler.

SOURIS.

La souris est un petit animal du genre
du rat. Elle a le même instinct, le même
naturel, et n'en diffère que par la petitesse.
Timide par nature, familière par nécessité, la peur ou le besoin font tous ses
mouvemens. Elle ne sort de son trou que
pour chercher à vivre ; elle y rentre à la
première alerte. Les chats, les oiseaux de
nuit, les rats même, lui font la guerre et la
détruisent.

TARENTULE.

La tarentule est une grosse araignée, assez commune dans certaines contrées de l'Italie, et dont la morsure dangereuse, cause de violentes convulsions, qu'on calme, dit-on, par la musique.

TAUPE.

La taupe, sans être aveugle comme quelques-uns l'ont dit, a les yeux si petits, si couverts, qu'elle ne peut faire grand usage du sens de la vue. Mais elle a le toucher délicat, l'ouïe très-fine, le poil doux comme de la soie, de petites mains à cinq doigts presque semblables à celles de l'homme, et les douces habitudes de la solitude et du repos. Elle ne fait que du bien aux jardins, dont elle détruit les vers et les insectes nuisibles.

On sait qu'elles vivent sous la terre. Le domicile où elles font leurs petits est fabriqué avec une intelligence particulière. La taupe commence par pousser la terre,

et en forme une voûte assez élevée ; elle
laisse des piliers et des cloisons de distance en distance; elle presse et bat la
terre, la mêle avec des racines et des
herbes, et la rend si dure et si solide par
dessous que l'eau ne peut la pénétrer. Elle
fait ensuite un lit à ses petits avec de
l'herbe et des feuilles.

TIGRE.

Le tigre, animal quadrupède, du genre
du chat, est la plus redoutable des bêtes
féroces. Le véritable tigre, qui ne se trouve
que dans l'Asie et dans les parties les plus
méridionales de l'Afrique, n'est pas mou

cheté; mais il a de longues et larges bandes en forme de cercle.

Le plus grand de tous les tigres est celui qu'on appelle tigre royal ; il est extrêmement rare et de la hauteur d'un cheval.

Le lion ne chasse que quand la faim le presse ; le tigre, au contraire, quoique rassasié de chair, semble toujours altéré de sang. Il désole les pays qu'il habite ; il ne craint ni l'aspect, ni les armes de l'homme. Il n'a pour instinct qu'une rage constante, une fureur aveugle, que rien ne peut arrêter, qui lui fait dévorer ses propres enfans, et déchirer leur mère lorsqu'elle veut les défendre.

Le tigre fait des bonds prodigieux. C'est la vitesse des sauts de cet animal qui le rend si terrible, parce qu'il n'est pas possible d'en éviter l'effet. C'est peut-être le seul animal qu'on ne puisse apprivoiser, et qui s'irrite des bons comme des mauvais traitemens.

TORPILLE.

La torpille est un poisson de mer qui a la propriété singulière d'occasionner un engourdissement à ceux qui le touchent. Il est plat, et à peu près de la figure d'une raie. On dit qu'on prévient l'engourdissement, si on retient son haleine en touchant la torpille.

TORTUE.

La tortue est un animal amphibie qui a le corps couvert en dessus, et en dessous, d'une écaille ample, solide, voûtée, marbrée de différentes couleurs. On n'aperçoit de cet animal que sa tête qui ressemble à celle d'un serpent ; sa queue et ses pattes ressemblent à celles d'un lézard. L'écaille qui la recouvre est pour elle un rempart impénétrable, et fournit une retraite sûre à sa tête, à ses pattes et à sa queue, que la tortue retire en dedans à l'approche du moindre danger. Cette cuirasse de la tortue est s i ferme, qu'un carrosse pourrait passer dessus sans l'aplatir.

8

Il y a des tortues terrestres et des tortues aquatiques. On en pêche qui pèsent jusqu'à huit cents livres et davantage.

TOURTERELLE.

La tourterelle est un oiseau du genre des pigeons. Sa voix est gémissante. On la regarde comme le symbole de la tendresse et de la fidélité.

UNAU.

L'unau est un animal court et pesant, qui se nourrit de fruits et de racines, qui se meut lentement, et qui dort presque toujours. On le trouve dans l'île de Marignan.

URSON.

L'urson est une espèce d'animal qui a quelque ressemblance avec le castor ; mais il est couvert de piquans très-courts qui sont cachés sous son poil. Il se nourrit d'écorce de genièvre et habite des souterrains. Il est fréquent dans le nord de l'Amérique.

VACHE.

La vache est pour les habitans de la campagne un bien qui croît et se renouvelle à chaque instant. La chair du veau est une nourriture aussi abondante que saine et délicate ; le lait est l'aliment des enfans ;

le beurre , l'assaisonnement de la plupart
de nos mets; le fromage , la nourriture
la plus ordinaire des villageois. Que de
pauvres familles ne vivent que du produit
de leur vache !

VAUTOUR.

Le vautour est un grand oiseau de proie
dont on distingue plusieurs espèces. Quel-

ques-uns égalent les aigles en grandeur. Il est ordinairement d'un gris cendré ; mais il y en a de blancs, de roux, de bruns. Ces oiseaux vivent de rapine : ils font la chasse aux lièvres, aux oiseaux, et à tout gibier.

VER.

De toutes les classes d'animaux, il n'y en a pas de plus nombreuse que celle des vers. Ces animaux sont pour ainsi dire semés dans toute la nature. Il y en a qui nous sont d'une grande utilité ; tel est le ver-à-soie.

Les vers en général sont de petits animaux rampans qni n'ont ni os ni vertèbres, et qui, comme on vient de le dire, se trouvent partout.

Le *ver-luisant* est un insecte curieux qui jette la nuit une lueur phosphorique.

Le *ver-à-soie* a été appelé de ce nom parce que, de toutes les chenilles connues, c'est celle qui donne la plus belle soie. Il est originaire de la Chine, et s'est très-bien naturalisé dans nos climats. Il se nourrit de feuilles de mûrier.

XÉ.

Le xé, ou animal musqué, est une es-pèce de cerf qui n'a pas de cornes, et qui se trouve en Chine. Il a environ trois pieds de long. Il lui vient tous les mois sous le ven-tre une tumeur qui contient le musc le plus parfait et le plus odoriférant.

YAPA.

On donne le nom d'yapa à un oiseau du Brésil qui est une sorte de pie ; toutson corps est noir, excepté la queue, qui est jaunâtre, ainsi que le bec. Il a sur la tête une aigrette de trois plumes qu'il dresse à vo-lonté. Il se nourrit d'insectes, et pue quand il est en colère.

ZÈBRE.

Le zèbre est un bel âne rayé et sauvage qui se trouve au cap de Bonne-Espérance. Il est robuste, de la grandeur d'un petit cheval et n'a pas les oreilles si longues que l'âne. Sa peau, qui est fort belle, est rayée de belles lignes transversales qui le cerclent ; elles sont alternativement jaunes et noires dans le mâle, et noires et blanches dans la femelle. Il y a peu d'animaux aussi rudes à prendre, à cause de sa vitesse. Il est très-difficile à apprivoiser.

Le zèbre est peut-être de tous les animaux quadrupèdes le mieux fait et le mieux vêtu. Il a la figure et les grâces du cheval, et la légèreté du cerf. On ne doit pas le confondre avec l'onagre, qui est l'âne sauvage de l'Arabie.

QUELQUES ANIMAUX
DÉCRITS PAR J. DELILLE.

LE CHIEN.

A leur tête est le chien, aimable autant qu'utile,
Superbe et caressant, courageux, mais docile.
Formé pour le conduire et pour le protéger,
Du troupeau qu'il gouverne il est le vrai berger.
Le ciel l'a fait pour nous, et dans leur cour rustique
Il fut des rois pasteurs le premier domestique.
Redevenu sauvage, il erre dans les bois :
Qu'il aperçoive l'homme, il rentre sous ses lois ;
Et, par un vieil instinct qui jamais ne s'efface,
Semble de ses amis reconnaître la race.

Gardant du bienfait seul le doux ressentiment,
Il vient lécher ma main après le châtiment ;
Souvent il me regarde, humide de tendresse,
Son œil affectueux implore une caresse.
J'ordonne, il vient à moi ; je menace, il me fuit ;
Je l'appelle, il revient ; je fais signe, il me suit ;
Je m'éloigne, quels pleurs ! je reviens, quelle joie !
Chasseur sans intérêt, il m'apporte sa proie ;
Sévère dans la ferme, humain dans la cité,
Il soigne le malheur, conduit la cécité ;
Et moi de l'Hélicon malheureux Bélisaire,
Peut-être un jour ses yeux guideront ma misère.
Est-il hôte plus sûr, ami plus généreux ?
Un riche marchandait le chien d'un malheureux ;

Cette offre l'affligea : « Dans mon destin funeste,
« Qui m'aimera, dit-il, si mon chien ne me reste? »
Point de trève à ses soins, de borne à son amour,
Il me garde la nuit, m'accompagne le jour.
Dans la foule étonnée on l'a vu reconnaître,
Saisir et dénoncer l'assassin de son maître,
Et, quand son amitié n'a pu le secourir,
Quelquefois sur sa tombe il s'obstine à mourir.

Enfin le grand Buffon écrivit son histoire;
Homère l'a chanté, rien ne manque à sa gloire :
Et, lorsqu'à son retour le chien d'Ulysse absent
Dans l'excès du plaisir meurt en le caressant,
Oubliant Pénélope, Eumée, Ulysse même,
Le lecteur voit en lui le héros du poème.

LE CHEVAL.

Voyez ce fier coursier, noble ami de son maître,
Son compagnon guerrier, son serviteur champêtre;
Le traînant dans un char, ou s'élançant sous lui.
Dès qu'a sonné l'airain, dès que le fer a lui,
Il s'éveille, il s'anime, et, redressant la tête,
Provoque à la mêlée, insulte à la tempête :
De ses naseaux brûlans il souffle la terreur;
Il bondit d'allégresse, il frémit de fureur.
On charge; il dit : Allons; se courrouce et s'élance.
Il brave le mousquet, il affronte la lance;
Parmi le feu, le fer, les morts et les mourans,
Terrible, échevelé, s'enfonce dans les rangs;
Du bruit des chars guerriers fait retentir la terre,
Prête aux foudres de Mars les ailes du tonnerre :
Il prévient l'éperon, il obéit au frein,

Fracasse par son choc les cuirasses d'airain,
S'enivre de valeur, de carnage et de gloire,
Et partage avec nous l'orgueil de la victoire ;
Puis revient dans nos champs, oubliant ses exploits,
Reprendre un air plus calme et de plus doux emplois ;
Aux rustiques travaux humblement s'abandonne,
Et console Cérès des fureurs de Bellone.

L'ANE.

Moins vif, moins valeureux, moins fier que le cheval,
L'âne est son suppléant, et non pas son rival ;
Il laisse au fier coursier sa superbe encolure,
Et son riche harnais, et sa brillante allure.
Instruit par un lourdaud, conduit par le bâton,
Sa parure est un bât ; son régal un chardon.
Pour lui Mars n'ouvre point sa glorieuse école ;
Il n'est point conquérant, mais il est agricole.
Enfant, il a sa grâce et ses folâtres jeux ;
Jeune, il est robuste, patient et courageux,
Et paie, en les servant avec persévérance,
Chez ses patrons ingrats sa triste vétérance.
Son service zélé n'est jamais suspendu ;
Porteur laborieux, pourvoyeur assidu,
Entre ses deux paniers, de pesanteur égale,
Chez le riche bourgeois, chez la veuve frugale,
Il vient, les reins courbés et les flancs amaigris,
Souvent à jeun lui-même, alimenter Paris.
Quelquefois, consolé par une chance heureuse,
Il sert de Bucéphale à la beauté peureuse ;
Et sa compagne enfin va dans chaque cité
Porter aux teints flétris les fleurs de la santé.

LE CASTOR.

Dans ses hardis travaux le peuple des castors
Étale de l'instinct les plus riches trésors.
L'éléphant dans les bois, et le castor dans l'onde,
Font tous deux à jamais l'étonnement du monde.
S'il n'a point cette trompe, organe merveilleux,
Dont ce noble animal a droit d'être orgueilleux,
Quatre dents ou plutôt quatre terribles scies,
Qu'en un tranchant acier la nature a durcies,
Et sa queue aplatie, et ses agiles doigts,
Voilà de ses travaux les instrumens adroits.
D'autres les ont vantés, d'autres ont su décrire
Tous ces grands monumens de leur petit empire ;
Ces arbres renversés, façonnés avec art,
De leur digue à la vague opposant le rempart ;
Des écluses, des ponts l'habile architecture,
Des voûtes, des cloisons la solide jointure ;
Ces soins si prévoyans, cet art si merveilleux,
Accommodés au temps, appropriés aux lieux ;
Cette Hollande enfin, et cette humble Venise,
Sur ces longs pilotis solidement assise ;
L'étranger, retrouvant l'homme dans le castor,
Le voit, s'étonne, rêve, et le regarde encor.

LE LION ET L'AIGLE.

Au lion dans les bois, à l'aigle dans son aire,
Qui ne reconnaît pas le même caractère ?
Tous deux sont fiers, tous deux tyrans de leurs vassaux ;
Dans leur désert royal ne veulent point d'égaux.
L'impérieux amour, le besoin d'une épouse,
Domptent seuls les fureurs de leur fierté jalouse ;
Tous deux rois des États par la victoire acquis,
Ne veulent de festins que ceux qu'ils ont conquis ;
Ennemis généreux et vainqueurs magnanimes,
Enfin tous deux font grâce à de faibles victimes :
Ainsi le même instinct produit mêmes humeurs,
Et, différens de race, ils sont joints par les mœurs.

LE CYGNE.

Le cygne, est toujours beau, soit qu'il vienne au rivage,
Certain de ses attraits, s'offrir à notre hommage ;
Soit que, de nos vaisseaux le modèle achevé,
Se rabaissant en proue, en poupe relevé,
L'estomac pour carène, et de sa queue agile
Mouvant le gouvernail en timonier habile,
Les pieds pour avirons, pour flotte ces oiseaux
Qui se pressent en foule autour du roi des eaux.
    La fable de sa voix a vanté la merveille ;
L'œil enchanté sans doute avait séduit l'oreille.
Et qu'avait-il besoin de ce titre emprunté ?
Lui seul réunit tout, force, grâces, fierté.

LE COLIBRI.

Enfin, pour achever ces nombreux parallèles,
Avec la lourde autruche et ses mesquines ailes,
Comparez cet oiseau qui, moins vu qu'entendu,
Ainsi qu'un trait agile à nos yeux est perdu,
Du peuple ailé des airs brillante miniature,
Où le ciel des couleurs épuisa la parure;
Et, pour tout dire enfin, le charmant colibri
Qui, de fleurs, de rosée et de vapeurs nourri.
Jamais sur une tige un instant ne demeure,
Glisse et ne pose pas, suce moins qu'il n'effleure,
Phénomène léger, chef-d'œuvre aérien,
De qui la grâce est tout, et le corps presque rien ;
Vif, prompt, gai, de la vie aimable et frêle esquisse,
Et des dieux, s'ils en ont, le plus charmant caprice.

LE SERPENT.

Habitant des forêts, et des monts et des champs,
Le serpent, à son tour, a des droits à mes chants.
Par ses beaux mouvemens et sa riche parure,
Cher à la poésie ainsi qu'à la peinture,
Le serpent a ses mœurs, ses combats, ses amours,
Son port audacieux, ses habiles détours ;
Mais il fuit nos regards : dans le sein des broussailles
Dans les fentes des rocs ou le creux des murailles,
Il semble qu'affligé de son triste renom,
Il cache ses remords, sa honte et son poison.
Je n'en décrirai point les nombreuses espèces,

Différentes d'aspect, de penchans et d'adresses :
Je compterais plutôt les sables des déserts ,
Les feuillages des bois, et les vagues des mers ,
Que les variétés de sa race effrayante.
  Il court, nage, bondit, gravit, vole ou serpente ;
Tantôt, au bruit lointain des agrestes pipeaux,
Caché dans la moisson, il attend les troupeaux,
Et des plis écaillés qu'avec force il déploie,
Saisit, étreint, étouffe, et dévore sa proie.
Le chevreau, la brebis, souvent un bœuf entier,
Tout à coup engloutis dans son large gosier ,
Se débattent en vain dans sa gueule béante.
Mais bientôt, expiant sa fureur dévorante,
Il s'endort sous le poids de l'énorme festin ;
Et, livrant au chasseur un facile butin,
Sous la lourde massue ou le fer du sauvage
Tombe gonflé de sang et gorgé de carnage.

FIN